spot

ANIMALES DEL OCÉANO

LOS CORALES

por Mari Schuh

AMICUS | AMICUS INK

tentáculos

boca

Busca estas palabras e imágenes mientras lees.

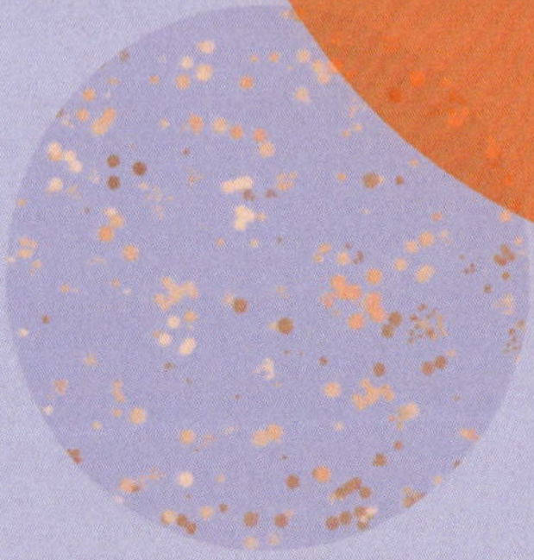

huevos

arrecife

Los corales están llenos de color.

¿Cuántos colores ves?

Los corales son animales del océano. Algunos parecen plantas. Otros parecen rocas.

tentáculos

Mira los tentáculos.
Se mueven y se estiran.
Ellos pican.

boca

Mira la boca. Los corales comen animales minúsculos. Se alimentan de noche.

huevos

Mira los huevos. Millones de huevos se alejan flotando. Crecerán en corales.

Mira el arrecife.
¡Es grande! Está hecho
de muchos corales.

arrecife

Aquí vive una almeja. ¡El arrecife está lleno de vida!

tentáculos

boca

¿Lo encontraste?

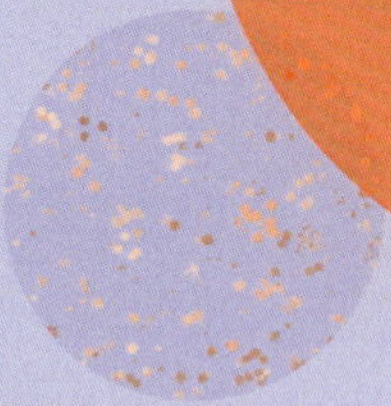

huevos

arrecife

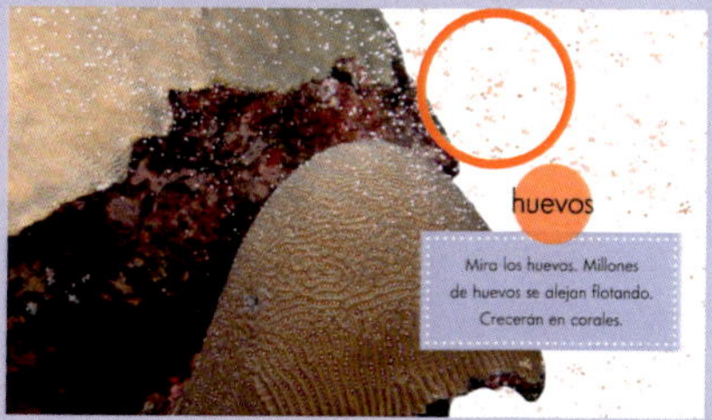

Spot es una publicación de Amicus y Amicus Ink
P.O. Box 227, Mankato, MN 56002
www.amicuspublishing.us

Library of Congress Cataloging-in-Publication Data
Names: Schuh, Mari C., 1975- author.
Title: Los corales / by Mari Schuh.
Other titles: Corals. Spanish
Description: Mankato : Amicus, [2021] | Series: Spot animales del océano | Audience: Ages 4-7 | Audience: Grades K-1
Identifiers: LCCN 2019050219 (print) | LCCN 2019050220 (ebook) | ISBN 9781645492320 (library binding) | ISBN 9781681527352 (paperback) | ISBN 9781645492382 (pdf)
Subjects: LCSH: Corals—Juvenile literature.
Classification: LCC QL377.C5 S37318 2021 (print) | LCC QL377.C5 (ebook) | DDC 593.6—dc23

Alissa Thielges, editora
Deb Miner, diseñadora de la serie
Ciara Beitlich, diseñadora de libro
Bridget Prehn, investigación fotográfica

Creditos de las imagenes Getty/Raimundo Fernandez Diez cover, 16; Shutterstock/John A. Anderson 1; Alamy/Joe Belanger 3; Shutterstock/Vlad61 4-5; Superstock/Colin Marshall/ardeo.com/Pantheon 6-7; Getty/Coral_Brunner 8-9; Alamy/Amar and Isabelle Guillen - Guillen Photo LLC 10-11; Shutterstock/Sarawut Kundej 12-13; 123rf/Erin Donalson 14-15